Irma Rivera Nieves

Montañas de Collores - Puerto Rico

AF303179

Irma Rivera Nieves

Montañas de Collores - Puerto Rico

Memorias

Editorial Académica Española

Imprint

Any brand names and product names mentioned in this book are subject to trademark, brand or patent protection and are trademarks or registered trademarks of their respective holders. The use of brand names, product names, common names, trade names, product descriptions etc. even without a particular marking in this work is in no way to be construed to mean that such names may be regarded as unrestricted in respect of trademark and brand protection legislation and could thus be used by anyone.

Cover image: www.ingimage.com

Publisher:
Editorial Académica Española
is a trademark of
International Book Market Service Ltd., member of OmniScriptum Publishing Group
17 Meldrum Street, Beau Bassin 71504, Mauritius
Printed at: see last page
ISBN: 978-620-2-81155-2

Copyright © Irma Rivera Nieves
Copyright © 2020 International Book Market Service Ltd., member of OmniScriptum Publishing Group

A mis padres, Jesús María e Isabel
in memoriam

CONTENIDO

AGRADECIMIENTOS

A mi esposo y editor, Carlos Gil.
A mis hijos Zaitay y Carlos Damián.
A mis hermanos, a los de sangre,
a los de la Fe.

Era día de la Preparación, y apuntaba sábado. Las mujeres que habían venido con él desde Galilea fueron detrás y vieron el sepulcro y cómo era colocado el cuerpo. Luego regresaron y prepararon aromas y mirra.
Y el sábado descansaron según el precepto.

Lucas 23: 54–56

CELEBRATING PLACE

sunt lacrimae rerum

Virgilio

Narro en este libro mi experiencia del viaje a las montañas del centro de Puerto Rico, en el Mar Caribe. El viajero despierto podrá comprobar mis observaciones. En lo singular, en lo más propio y biográfico, en lo personal casi irrisorio, puede encontrar verdad el otro, el prójimo. La verdad del otro llama a la nuestra.

Atiendo a los más pequeños, las criaturas del Bosque, que no participan de los amenos y megalomaníacos dramas urbanos. Harta del desprecio de los arrogantes, como dice el salmista (S.143), revaloro mi patria, el más pequeño de todos los pueblos, humillados por toda la tierra, sin príncipes, ni profetas, ni jefes, ni incienso (Daniel 3: 37-38).   Practico un doble desapego: del estridente nacionalismo cultural mercadeado por la banca isleña y, de otra parte, de la fobia a la patria (oikofobia) patrocinada por el globalismo.

Es un viaje de ascenso. Reúno dos dimensiones: la línea horizontal del ascenso gradual por la carretera y la vertical de ascenso espiritual. El viejo tema del viaje a la montaña es ocasión propicia para observar profanaciones, luchas y resistencias del hábitat natural y del humano. Resisto las profanaciones. El cielo, la fecundidad de la tierra, el mar Caribe en la distancia y los humanos que habitamos la montaña, son sus cuatro puntos cardinales.

Para ver las profanaciones hay que sanar la imaginación. En esto sigo a Schuon: "Cuando la gente quiere deshacerse del Paraíso comienzan por crear una atmósfera en la cual las cosas espirituales aparecen como fuera de lugar: para tener éxito en su declaración de que Dios no es real construyen en torno al hombre una realidad falsa, una realidad inevitablemente inhumana porque sólo lo inhumano puede excluir a Dios. Se trata de una falsificación de la imaginación y por ello de su destrucción."[1]

La rehabilitación de la imaginación posibilita el discurso anagógico: aquél que persigue contemplar y hablar de las cosas divinas, pero, al modo cristiano, atisbando a Dios en la ley natural, en el cuerpo tanto como en las más altas facultades del espíritu humano, allí donde nos encuentra el Espíritu Santo. Lo divino es *otra* dimensión, aunque, conforme a una ontología cristiana, no lejana, no separada de la materia ni de lo humano, esto es, de lo humano-espiritual, de lo natural-sobrenatural. Como muestra la Cruz y la Ascensión, a la dimensión vertical trascendente vamos a lomos de la horizontal inmanente, no para dejarla sino para santificarla y usarla de peldaño. Jesús vino a bendecir la condición humana, con su mezcla de alegrías y penas, ligereza y pesadez, cruz y resurrección. Busco pues una mística de las cosas. La Memoria que practico es conmemoración: hacer presente lo recordado.

Es un viaje de huida, como el de Lot. Sólo que la salida de la ciudad obliga a la acogida y comercio con otras criaturas, las que habitan el Bosque. La observación, la reflexión y la escritura sobre los pequeñísimos quisiera emular ese perfume y ungüento con que las mujeres lavaron el profanado cuerpo de Jesús, el día de la preparación. (Lucas 23:54-56)

---

[1] Cf. Frithjof Schuon, en Alexander Wolfheze, *The Sunset of Tradition and The Origin of The Great War,* Cambridge Scholars Publishing , UK, 2018, p.234.

1 EL ASCENSO

En Yahvé me cobijo, cómo, pues, me decís:
Huye, pájaro a tu monte,
Que los malvados tensan su arco, (...)

Salmo 11: 1–2

Cuando llegues no puedes dejar de notarlo. Se impone como una Presencia, la ausencia de ruido. Toma tiempo pasar de la ausencia de ruido al silencio. Lo echo de menos cuando llevo días sin subir. Amables son las gentes, la temperatura como de primavera en Colorado, la generosidad de la vegetación, la diversidad de lirios y anturios. Pero nada como el silencio. Entramos a un vacío como de escafandra de astronauta, sólo perturba la mente que prosigue su rumor y tarda en ajustarse a él.

La distancia respecto de San Juan no se mide en millas ni kilómetros, sino en la diferencia: la altura, el hábitat, la temperatura primaveral, la neblina, el lenguaje de los pájaros, el frío, flora y fauna, el silencio. La diferencia efectúa el distanciamiento.

El tránsito de la ausencia de ruido al silencio tiene estaciones.

A medida que aterrizamos pasamos, lentamente, de la ausencia de ruido a escuchar: los gansos y patos que nos saludan alborotados –quizá hambrientos–, el gallo que canta, un perro a lo lejos que ladra, el viento que sopla fuerte, la lluvia cayendo sobre el galvalón. Sonidos que auspician un primer aterrizaje porque notifican, sin confusión alguna, el lugar.

El viaje no consiste sólo en transitar por el asfalto, sino en dejar ir, muy gradualmente, la escena social humana. De la intensa socialidad sanjuanera con sus ruidos, voces y sonidos, hasta los animales domésticos, hay un primer desapego que abre hacia el silencio. Pero aún no. Humanizados por su condición de criaturas domésticas, los animales y las plantas de jardín nos imponen sus necesidades: piden agua, maíz, purina. Su existencia invoca la nuestra, su carnalidad llama a la nuestra en una relación de dependencia que nos es demasiado familiar. La monumentalidad del Bosque, las montañas, las veredas, el mar en la lejanía, fundiéndose con un cielo del que no se distingue, las nubes abajo más que arriba, nos llaman en un sentido opuesto, que posponemos.

La individualidad de la criatura pugna con el marco impersonal que nos impone la Naturaleza, invitándonos a subsumirnos en su elemental acogida. Se pregunta una si no deberían estar sueltos los animales, libres. Frena este súbito entusiasmo liberal, el guaraguao dando vueltas allá arriba. Implacable, acabaría día a día con todos, devolviéndolos a los elementos. Es una parábola.

La Naturaleza va imponiendo la continuidad de esas formas de la vida y la nuestra, nuestra condición de criatura avanza, apoyada por la simpatía animal que desgasta nuestra pesada individualidad urbana. Aún confusamente, sabemos que es por ahí el camino hacia el silencio. Pero todavía no.

La noche trae otra forma del silencio. Descansan las voces humanas y las de los animales domésticos, no así los pequeños animales que habitan el bosque.

Los ratones. Al principio, los sonidos de los ratones en la noche me obligaban a dormir con la luz encendida. Nos ayudó con el problema el vecino Domínguez – si pasas de día lo verás en sus faenas agrícolas o en teológica conversación con quien se detiene a contemplar sus lirios calla-. Nos regaló el seguro exterminador: un gato que no nos amó tanto como para esperar nuestro regreso a la casa. Nos enseñó también un rito que requería dar varias vueltas con el animal en torno a la casa recitando unos versos propiciadores de la adopción, para hacer que el gato la aceptara como suya. Lo hicimos, quizá sin mucha confianza, porque el gato escapó. Durante algunos días me miraba de lejos y aceptaba huraño la empella del pollo que reservaba para enamorarlo, pero a los pocos días, perdiéndose en el bosque, no volvió más.

Tiene Domínguez muchos gatos en torno a su casa como garantizados exterminadores. Engañan, porque indiferentes parecen descansar o hasta dormir, más que vigilar. Admiro esa vigilancia que parece sueño y me propuse aprender de ella para sanar mi natural y hereditario espíritu de border collie.

Gatos y ratones son el dúo dinámico de estos agrestes campos. "Mother, you live in the jungle" dice, con ojos abiertos, la hija de Rosa cuando viene de Boston a ver a su madre. A falta de gatos, escogimos la guerra. Debo confesar que hubo ocasiones en las que su inteligencia era más eficiente que la mía. Alejándome de las prácticas de mis amigos *eco–lógicos,* nos suscribimos a un envío postal de veneno contra ratones que nos permitió el exterminio. Entiendo todo lo que se pueda decir sobre la cadena alimentaria y la biodiversidad. Mis disgustos nunca han sido Ley, así pues, no pido su extinción, pero no me interesa la convivencia. También tiene límites mi hospitalidad.

Coquí. Estridentes, pueden llegar a ser, los sonidos animales de la noche. Parecería que las dos montañas, que acogen la casa como si fueran dos brazos, estuvieran vivas y emitieran un unísono canto a la Oscuridad. Es común comparar la hierba de las montañas con una alfombra, aquí no hay alfombra porque son árboles robustos –yagrumos, palmas de sierra, robles, saúcos– que ni en la oscuridad sugieren hierbas, pero sí, todo pierde la individualidad, cuando nos vence la noche, que allí es plena. Las luciérnagas brillan en el techo. Coquíes y chicharras se apoderan del silencio. Habrá quien no pueda con el concierto. Recuerdo que al hospedaje de mi madre en Floral Park llegó un americano que no pudo con el canto del coquí, cuya voz imitaba irritado, indagando la identidad del diminuto criminal. Ella, con gusto, rescindió el contrato como quien ejerciera un imperativo patriótico. En Hawaii desarrollaron una campaña para su exterminio. Por eso advertimos sobre la convivencia con estos expresivos residentes para evitarnos una experiencia semejante. Si quieres pernoctar estás avisado. En la gaveta del escritorio habita uno, que han tratado de mudar los que se han animado a quedarse alguna noche tan lejos de la ciudad. Mi hijo, Carlos Damián, grabó allí un programa para Radio Vieques con el agudo sonido del batracio acompañando a Bob Marley. No sé si los oyentes del programa se percataron del fondo musical. En el fregadero vive otro que brinca cuando muevo el escurridor. De la lavadora debo sacarlos, aunque algunos aguantan escondidos el detergente y las torsiones de la ropa, de la que salen pálidos, con las patas estiradas, largas, huyendo precipitados del mal rato. Los ayudo a escapar del lugar extraño al que fueron a parar buscando humedales. Recuerdo que el pintor Elizam Escobar, cuando llamaba desde la cárcel en Oklahoma, le pedía a Carlos que colocara el teléfono de tal modo que pudiera escucharlos mejor. Nos dolía, pero lo amábamos cuando nos pedía eso. En nuestro isleño y humilde corazón esa petición era un código, una clave secreta, que abría de par en par las puertas de nuestra casa. Estábamos en Trujillo Alto entonces, imagino si llamara ahora con el mismo pedido.

Si la lluvia es el llanto de Dios, el Bosque es su embalse y el canto del coquí retribuye esta Generosidad. En vez de contar ovejas o repetir algún mantra budista, sincronízate con el canto de uno de ellos, acógete a su estridente silencio, para quedarte dormida.

2 DOMINGO

En el Horeb hicieron un becerro,
un ídolo de oro y lo adoraron.
Cambiaron al Dios que era su gloria
por la imagen de un buey que come pasto.

Salmo 106:19

Los domingos, en el Bar de Antonio, se reunía gente a beber y cantar, conjugando la vellonera con sus cantos. Nunca los ví, pero los escuchaba, a pesar de la distancia. Tiene un efecto acústico la montaña.

La música de protesta o patriótica –como la llaman aquí–, con su lastimero canto, se oía a lo lejos después del mediodía, y mientras se aguantaran en pie los guererros y guerreras de la gran Política isleña. Conozco esta escena porque la he padecido también en San Juan. Sólo que aquí estamos a cinco minutos del Cerro Maravilla, donde policías asesinaron - ya hace casi medio siglo- a dos muchachos que jugaban a iniciar la Revolución de Independencia. Nadie los recuerda. A sus padres los ví de lejos consumirse en el dolor. Los admirados son cantantes que con una lucrativa estética transgresora han triunfado en los estados: Marc Anthony, Calle 13, Ricky Martin. Poderoso caballero es Don Dinero. Sufrió también la palabra. La *maravilla* de la vista a que aludía el nombre del cerro –Cerro Maravilla– adquirió un significado violento y torticero. Todavía hay gente que se refiere a aquellos lares como Maravilla –omitiendo el *cerro*–, como queriendo rehabilitar el elogioso nombre.

El repertorio musical presentaba su crescendo: *Verde luz, Quién no se siente patriota y Boricua en la Luna,* cuando empezaba la algazara y, ya avanzada la tarde, *Insaciable, La última copa.* Como si existiera una extraña trabazón entre el patriotismo independentista, el alcohol y la pulsión mortífera de la voz de Felipe Rodríguez. (De quien me han dicho, para mi feliz asombro, que era abstemio.) La rarefacción de la Ley en la mente y en las letras rebeldes se trenzaban al llamado a la muerte de esas canciones cortavenas –como las llaman acá. Me asombraba *Me voy pal pueblo* porque del pueblo, la ciudad, parecía ser que huían, rebeldes, en su timeout dominical. Y es que los cantantes no eran locales. Sé que los ponceños urbanos suben a estos montes en sus autos alemanes, con incierta culpa y rousseauniano romanticismo, como quien visita a la madre anciana con afecto culposo. Los patrióticos cantos eran, para los fugitivos del orden urbano, una suerte de deserción dominguera de los valores de la Urbe. No hay Robin Hoods, guerrilleros, ni survivalists en estos bosques. Algún abogado ponceño sube a la montaña como un acto político, con su camiseta de Che Guevara o de Filiberto Ojeda, en su 4X4, el agresivo perro, a su alambrada casa con sus cámaras de seguridad, como quien espera –o desea– daño. El hijo pobre de un vecino que regresó con un grillete, no duró con el estigma. Silenciosamente llegó y del mismo modo desapareció: o volvió a la cárcel o se fue a los estados, dice Ángel como aprobando su desaparición.

Me asombraba que lo amable y suave del ambiente en su clima y belleza vegetal, el aire limpio, "la apacible calma" que cantara el poeta de Collores, les produzcan una melancólica ira política, más que consuelo o restauración. Mi mente racionalista busca explicación al prolongado ruido: ¿Goce mental del infiel que canta letras para un amor que no es el actual y presente? ¿Autoagresión e incierto anhelo de una vida que no es ésta ni aquélla, un no estar ni aquí ni allá; bien, en ninguna parte? ¿Edición forestal del endémico síndrome Houdini: escapismo e ilusionismo?: donde estoy, no estoy; llegué pero me voy yendo. O, como si la fuente del disgusto fuera uno mismo, una suerte de malestar edípico que rechaza la vida y anhela la vuelta al vientre materno.

El musical patriotismo nacionalista, allá arriba al menos, es una pasión de los que están de visita. Los locales observan a los que la sufren con ánimo interesado: algún negocio puede surgir de ella. La *patria* que imaginan es un no–lugar: no alude al padre ni a la casa paterna –como enseña su etimología–, pero tampoco a tradiciones, a prácticas sagradas por heredadas. Para ellos no hay lares, ni manes, ni penates. Si les preguntas, son ateos hijos de Marx, o creen en el Buda, en algún gurú New Age o idolatran a alguna figura de la farándula. Todo, menos en Jesucristo, la fe de sus ancestros. La puertorriqueñidad a que apelan es una identidad bélica ("a weaponized identity" como dicen en los estados) con fines de medro social y político. De ahí que, eso que llaman amor a esa 'patria' construida por alguna teoría europea, les crece aún más cuando se van a San Francisco, Barcelona o Nueva York.

La Alabanza a esa misteriosa patria teórica tenía su ascenso, su clímax, su descenso y hasta su interrupción. Como si de un ciclo natural se tratara, a las 3:00 pm se escuchaban a lo lejos las ensordecedoras bocinas de un auto paseando su Rap vulgar y estridente, como quien flota una bandera patria en frontera enemiga. El auto deslizándose lentísimo por la vía se detenía desafiante un rato, imponiendo estos nuevos violentos quebrantos contra las patrióticas y envejecidas endechas. Luego, se perdía carretera abajo. Un hijo triste y enconado de alguno de ellos, pensaba yo, suponiendo esos rotos lazos familiares y generacionales de estos tiempos.

Como ángeles custodios, los hijos vigilan el camino de sus progenitores. He visto a tantas madres y padres custodiados moral y espiritualmente por sus hijos e hijas que quizá podamos hablar de una generación perdida. Nuestra versión de Ifigenia. Custodia que a simple vista y con mirada de psicólogo, aparece como deuda presentada a cobro, o un cordón umbilical del que no quisieran soltarse. Pero, si te detienes a observarla en serio, verás el sacrificio que hay en ella. La enorme carga que han tenido que asumir los jóvenes contra el infantilismo, la desorientación, el hedonismo de los padres y las ideologías de esta época, sin que nadie se los acredite ni se los tenga en cuenta, más bien al contrario, se les recrimina este apego. No los dejan de su mano, sin importar que en su papel de custodios se les vaya la vida misma. Hay una forma de la santidad, de pureza, en este heroísmo filial.

Allá en Collores, ya cayendo la tarde se iba cerrando el drama y el concierto, las endechas a la Patria irredenta se iban apagando y volvíamos a la ausencia de ruido y poco a poco al silencio. Hasta el próximo domingo.

Uno de los cambios que trajo el huracán María, es que el local cambió de administración. Eliseo, el joven dueño, es pentecostal, así que devolvió al Domingo su festividad inmano-trascendente y mesurada. Desapareció el drama musical–patriótico–etílico. Frituras, carne frita con tostones, refrescos, reúnen ahora otra ecología humana. A esta fórmula hay quien ya no le augura un éxito perdurable y recomienda la vuelta de la previa profanidad.

Por ahora, crece el silencio.

3 EL VIENTO Y EL CAFÉ

Mirad: Yo he puesto esa tierra ante vosotros; id a tomar posesión
de la tierra que Yahvé juró dar a vuestros padres, (...)
Dt 1: 8

El silencio atrae a los muertos, activa la Memoria. El viento se escucha fuerte, especialmente durante la noche. Un poco de disciplina mental hace falta para no personalizarlo. Cuando sopla, la vegetación exuberante y densa toma vida, se agita. Si algo cae y rueda parecen pasos que se aproximan.

Desbrozando el monte aparecieron caminos anteriores a nosotros, y muy bien hechos, en la finca. Caminos por los que transitaron los recolectores del café y el ganado que les ayudaba a cargar las banastas repletas del preciado grano. Aprendí de mi hijo Zaitay —arquitecto rehabilitador— a respetar *el lugar* en nuestras decisiones habitacionales. Con la severidad que heredó de mi madre, me enseñó a desear que nada de lo que llevamos o hacemos ofenda su memoria. Así nos sumamos a una cadena anónima de criaturas de la montaña, que como llegan se irán.

De la caña de azúcar sé algo, por mis padres que fueron hijos suyos en el centro oeste de la isla. San Sebastián, Las Marías, Lares, y Moca fueron los nombres azucareros que se escuchaban en la casa paterna. En el café como *cosa* me interesé por complicidad con mi colega y amiga la Dra. Libia González que en su trabajo buscó conciliar la perspectiva industrialista utilitaria de nuestra agricultura modernizada con la apreciación histórico-etnológica del rojo, diminuto y fragante fruto. Carlos, mi esposo, corrió a comprar una morovis para despulpar café. La usamos antes del huracán, la exhibimos ahora como memorial del lugar. Me da risa el efecto que provoca en la visita. Nadie entiende que este artefacto oxidado ocupe un lugar tan visible y destacado en la casa. Del café pues sé poco, sólo colarlo para los míos, que son grandes aficionados. En los colmados locales venden excelentes marcas de café desconocidas en San Juan, monopolizada por el mediocre café Yaucono. Café para resolver problemas, vino para olvidarnos de los que no podemos resolver, pide una "oración" americana de inspiración franciscana. El café sembrado por otros, desconocidos, recogíamos para nuestro disfrute y uso, antes del huracán María. Agradecidos del legado, en sus decisiones sobre el suelo y la siembra hacemos las nuestras, haciendo honor con nuestros humildes actos a esos ancestros que vivieron estas tierras fértiles y *encentrás* –como dicen por allí a estas casas y comunidades del monte, lejos de las carreteras, más cerca de Dios que de los gobiernos y el mercado. Así, según ellos, la nuestra es la más encentrá. No hay elogio en el adjetivo. Quizá acostumbrados a su encentramiento, parece mayor el ajeno. Quizá, nosotros, criaturas urbanas, elegimos la vida escondida.

Tras este paisaje agreste, callado y homogéneo hay lágrimas y disputas. Los lazos de sangre y la propiedad de la tierra tejen la filiación. Desde la calle se ve una casa, tras la cual hay una comunidad familiar. Los hijos e hijas han hecho sus casas en los predios de la casa de sus padres, vínculo a la tierra que enfrenta y resiste los poderosos vientos modernos, destructores del clan. De los Reyes se rumora que sólo uno está autorizado a salir a la ciudad. Las casas que rodean la de Rosa y Angel Cruz, que regresaron ya mayores de New Jersey y Boston dejando en los estados -ya como americanos- la descendencia fruto de previas convivencias-, son de la cepa de los Cruz. El común ancestro que legara estas tierras aún hace un clan. Rosa sufre por la falta de respaldo y auxilio que le regala su familia política, tentada siempre de volverse a Boston. Ángel, al contrario. Rosa sufre porque sus trabajos no beneficiarán a su descendencia; Ángel siente que el hospedaje ya es suficiente. En cambio, Doña Marta, ya anciana y triste, viene desde Miami los veranos a la finca que heredó de sus padres, tratando de componer infructuosamente una familia para disponer de la tierra y las casas. Los abogados dicen que la propiedad no vale en el mercado lo que cuesta ordenar este ágrafo legado. Echarlo a pérdida aconseja el hijo desde Florida. Así de un año al otro van creciendo estas tierras pre–jurídicas que, probablemente, nadie podrá heredar.

La anonimia vegetal impone su gramática Cumpliendo el sueño (para mí pesadilla) del *Imagine* de los Beatles de mi juventud, va creciendo un mundo sin identidad, sin formas ni figuras, donde todo es igual.

Resisto pues la anonimia vegetal. Todo el que sabe de nuestra cabaña en el bosque envía una planta. Esas han tomado el nombre de quien nos la regalara: el platanal de Eva, los guineos de Domínguez, el lirio amarillo de Bienvenido, el bambú enano de Cayo, las piñas de Raymond, los lirios de Rosa, la guayaba de Ángel, el cedro de Rocío la muchacha del Fideicomiso. Allá cerca de la verja hay un cactus protector que me trajo mi amadísima tía Mercedes, enferma por las curvas de la carretera. Acá una Flor de medianoche que trajo mi hermano de la casa de mis padres en Hato Rey. Se carga de flores blancas y fragantes durante la noche, pero se cierran de día porque son tímidas. Con plantas que les están asociadas, hice jardines en memoria de mis padres. Cuidando de uno de ellos -que los míos llaman mi Poustinia- me llegó la noticia del fallecimiento de mi padre el 10 de noviembre de 2014. La noticia me la dio mi hermana Hilda que tanto se desvivió por ellos. Nuestra última conversación trató sobre el origen filial de su católico nombre -Jesús María- haciendo un último agradecido lazo entre su hija de la que sabía despidiéndose y su madre el día que vio la luz allá en Lares. Se fue con pena porque aún a sus 94 años amaba esta vida, con su cáliz de alegrías y penas. La suya fue una niñez dura, con las estrecheces de la época, pero feliz, sostenida por el amor y el carácter gentil de mis abuelos. Alegría de vivir outdoors que le inmunizó contra la melancolía y la histeria ambientales.

La identificación resiste, por ahora, la anonimia e impersonalidad a que propende el monte.

Creo que tenemos una identidad vegetal: plantas, flores, árboles son decorativa presencia en todas nuestras casas, tema amoroso de reflexión, conversación y seguro obsequio y, sobre todo, prueba de filiación, lealtad al clan y vigor genealógico: el blasón de la estirpe. Mis hijos tienen en sus casas su Flor de medianoche. Mi hermano tiene una fecunda cosecha de gandules en San Diego. No sólo nosotros hacemos vegetales lazos transgeneracionales. En la isla de Vieques, al este, sacan identidad de la centenaria Ceiba, contra la Marina antes, contra el avasallador hedonismo turístico ahora. Mi hijo pone a disposición de La Ceiba su salado pincel cuando la artista Ardelle Ferrer -viequense por adopción- convoca a celebrarla. La Política a favor de un mundo *placeless*, aún encuentra algunos opositores. No hay manera de borrar el Misterio y las lágrimas que hay en las cosas.

El paso del ruido al silencio es gradual, pero absoluto. De nuestra vida urbana en pleno Hato Rey hasta Maravilla, en la montaña, vamos en un proceso ascedente–descendente. A medida que vamos subiendo van cesando, muy gradualmente, los sonidos y los ruidos de la vida urbana, sustituidos por los de los mundos animal y vegetal; sobrenatural, después.

4 FRÍÍA

Job 21: 12–13.

Viajamos de San Juan a Juana Díaz acompañados por la velocidad y agresividad de los conductores que atraviesan, como enceguecidos, la Isla, norte–sur por la PR–52. La llaman autopista, pero dado que es una de las vías de mayor circulación de los camiones, trabajadores y empleados que hacen posible la civilización industrial, en cualquier inesperado momento la congestión impide avanzar. La vieja cuestión del uno y los muchos se experimenta también aquí. Dado que siempre es igual, podría decirse que es el suelo el que nos mueve, que somos uno, en el asfalto.

Aunque a veces hay sorpresas. Un rato antes iban volando y, de repente, un poco después, están todos detenidos porque están arreglando un carril en plena jornada, hay un accidente, gente llamativa detenida en el paseo, el más lento va por el carril de adelantar. Esta última es la más común. Los conductores han abandonado el carril de la derecha, averiado por el paso de los camiones, y el de la izquierda se lo apropió el conductor más lento y timorato, como expresión de su voluntad de poder, en una vía que exige celeridad y visión periférica.

Ya en Juana Díaz se reduce la velocidad y cambian los ruidos a favor del mundo que atiende las necesidades del cuerpo. Muchísimos pocitos dulces (eufemismo para *bar*, término que hiere los delicados oídos puertorriqueños) hay en la carretera Juana Díaz– Villalba–Orocovis. La cerveza reúne a los compueblanos con los forasteros. Mi vecino americano, el Dr. Morris (qepd), doctor en Botánica y profesor universitario en Ponce, nunca entendió porqué sólo esa diversión, habiendo tanto que contemplar y estudiar con los rigurosos métodos de la Ciencia. Su encuentro con los nacionalistas, que suben cargados con agresivos registros políticos a la montaña, los sobrellevaba con su amena y devota conversación taxonómica, porque era el único que sabía nombres y retos ambientales de esa naturaleza politizada.

Estas carreteras, escolares durante la semana, se transforman en recreativas los fines de semana. Alguna bebida fresca y algún plato típico, es buen refrigerio en el camino. Cabe reconocer día, hora y estación del año por el tránsito automovilístico. Durante las Navidades –en plural habla la gente reconociendo lo prolongado y secular de nuestras festividades–, las vacaciones de verano y los fines de semana, aumenta la circulación recreativa. Los juveniles clubes que en la isla se organizan en torno a un objeto o una marca de carro o motora, privilegian esta ruta para el festivo *chinchorreo*: ir en caravana deteniéndose en pocitos dulces hasta arribar a destino. 'Fríííía', basta que lean los grandes letreros, invitando al viandante al abrevadero. La ruina económica de la que hablan los medios sanjuaneros no la comprobarás en restaurantes y bares repletos de gente de todas las edades y credos. Y no son baratos los precios de menús y tragos. Con el espíritu conversador que heredé de mi padre y de mi abuelo Manuel, entrevisté a un bartender que me mostró un cerro de vacías botellas de vodka carísima, como trofeos, muestra de su éxitos comerciales del fin de semana.

Recuerdo que David Deida –el gurú jungiano– clasificaba a la cerveza entre las cosas que ponen en contacto con las restauradoras energías femeninas (Yin), junto a los alimentos, la música, el mar, la naturaleza. La civilización industrial, materialista y burocratizada, que saca el ser del hacer, las privatiza, las coloca Afuera o las reserva para los días festivos. La invitación a la cerveza corregiría el exceso de Yan (energía masculina) del programa racionalista moderno. Frecuentan pues, los pocitos dulces, hombres agotados por la dureza y sequedad de la semana laboral. Durante el fin de semana buscan equilibrar las fuerzas. Observo que ya hay tantas mujeres como hombres, en los pocitos dulces. No es que sean malas, como juzga Capetillo, mi vecino de San Juan, escandalizado por las risotadas que de jueves a sábado, tarde en la noche, se escuchan en un bar cercano. Si la civilización industrial les ha requerido convertirse en proveedoras y padres de familia, funcionar como hombres en la impiedad de la civilización industrial, pues también ellas escucharán con alegría la Invitación a la Cerveza.

Estos desarrollos del Progreso moderno, han producido cambios en la fisonomía habitacional de la montaña: profanaciones. Las desiertas instalaciones de una iglesia pentecostal de la Comunidad La Julita son ahora un concurrido lugar, tras convertirse en pocito dulce: donde había pintado un Cáliz vemos ahora la marca de una cerveza popular. La capilla católica, con su virgencita en el nicho pintadito, siempre bien cuidada, pero desierta, con sus puertas cerradas a cal y canto. Queda pues la memoria material de una Fe y forma de vida ancestrales que se van apagando o folklorizando. De Juana Díaz a Villalba, hacia Orocovis, los fines de semana, verás la caravana cuyo destino es cerveza con longaniza.

No sigas esa ruta. Al arribar a La divisoria en el km 45.5 tendrás que hacer una izquierda hacia Adjuntas. Esa es la 143, la Panorámica –propuesta del Gobernador Muñoz Marín en sus momentos de poeta–. Por ahí vas a mi casa, a Cerro Maravilla, a Cerro Punta. La vista es espectacular. Este es el camino de los contemplativos. En días sin neblina se alcanzan a ver ambas costas: Caribe y Atlántico.

Desierta.

5 ZINGIBERALES

*Fijaos en los lirios, cómo ni hilan ni tejen. Pero yo os digo que ni
Salomón en toda su gloria se vistió como uno de ellos.*

Lucas 12: 27

Las flores también resisten. A menos que las llevemos al registro científico
o al de los negocios, las flores son para la mayoría una frivolidad fugaz,
porque llevan la muerte muy cerca, e inútil, si no hay algún lucro en ellas.
Hablar de ellas ya ronda el sibaritismo. Casi hay que pedir perdón por este
amor, u ocultarlo como una debilidad. En este mundo, ya desacralizado, es
decir, anti-cristiano, sabemos que a pocos interesa la parábola y la mística de
la materia. A los más inteligentes y estudiados aún menos, porque sus mentes
están ya cableadas por la eficiencia nihilista del materialismo moderno. Lo
confiesa Darwin en su biografía: cómo le fue perdiendo el gusto a todo,
música, poesía, alegría, cómo su vida se fue empobreciendo. Su numerosa
prole bebe o se droga para recuperarse de la anorexia espiritual de su ciencia.

Pero las heliconias no son flores propiamente. Desde el punto de vista del
botánico lo que llamamos flores son hojas en forma de botecitos que
contienen flores donde meten su pico los colibríes. Los legos las tratamos
como flores. El fenomenólogo de las heliconias se ve obligado a acudir a
animales para hacer su descripción. Flores extrañas, muy extrañas: langostas,
culebras, pájaros, cotorras, mariposas, tucanes, ven los que han hecho el
esfuerzo de poner en palabras y en libros la experiencia visual. Muy distintas
de rosas, margaritas, daisies, jazmines, que pueden ser nombres de niñas. Las
zingiberales no tienen esta fragilidad e inocencia.

Jengibres (gingers) y heliconias son sus miembros más conocidos. También las plantas que nos dan guineos (bananas) pertenecen a esta familia. Para el buen observador es obvio, no así para quien privilegia lo comestible. Belleza visual que nos permite su uso ornamental. Las aves del paraíso son muy estimadas entre nosotros, se dan más fácilmente en la sequedad de California. Tiene algo de ave la delicada disposición de sus pétalos. Las cannas no son muy estimadas a pesar de su belleza, quizá porque son muy comunes –maraca las llamaba mi madre con tono peyorativo. A la orchidanta la llaman por aquí insulina. También las prayer plants, que elevan sus hojas en oración, pertenecen a la familia. En el nombre heliconia incluimos los legos diversos géneros, reuniendo en un solo nombre flores exóticas, aún cuando, como la Caribaea, sea nativa.

Buscando rizomas llegué a la finca ejemplar de Sherry Ballester en el Barrio Anones de Las Marías. Tiene Sherry un verdadero Museo vegetal. Con fraternal complicidad, se mira las manos y las uñas e imagina, y ansiosa enuncia, lo que dirían sus hermanas, criaturas suburbanas que andan siempre de crucero. Introducidas o nativas es un criterio importante sólo para el experto. Las flores de estas plantas las unifica la gente común bajo el criterio estético del exotismo: parecen de afuera, de otro sitio. También, como nos dicen sus asociaciones con la animalidad, tienen algo de desmesura. Su perfecta simetría, sus colores intensos y en patrones perfectos, sus dimensiones extraordinarias nos remiten a los elementos naturales ilimitados que las hacen posibles: cada una de ellas es un depósito de luz solar, cálidas temperaturas, lluvia, riqueza del suelo. It takes a forest to grow an heliconaeae, podríamos decir.[i] La generosidad de cielo y tierra toma cuerpo en su exuberancia.

Cientos de ellas en el campo hay a quienes les pasan desapercibidas. Una flor de heliconia en la vida urbana exhibe una exuberancia prohibida. Recuerdo que cuando llevaba alguna a la oficina de la dirección departamental los colegas la interpretaban como un excesivo self–expression de mi parte. Una interrupción del burocrático gris de muebles y paredes modernistas que imponen su consensual autocensura al animal amenazado, requerido de camuflaje y anonimia. La heliconia perturbaba, no así una plantita de agua con su definida su función: su presencia en un hábitat inanimado la aconseja la NASA para reducir el electromagnetismo ambiental. No cabe en este estrecho registro la heliconia. La vida académica tomó sus colores del espacio: el paso del tiempo en la institución nos fue haciendo invisibles. Un día ya no volvimos y nadie lo notó. Entre la paz de la invisibilidad o participar del sadismo administrativo, escogí, como muchos, la descorporización. Recuerdo que mi colega la Dra. Millie López (qepd), ya cuando se le iba a acabando la fuerza para aquélla forma de vida, advertía que se levantaría la falda en la próxima reunión de Facultad, como manera de enfrentar el sádico dispositivo. Conociendo su expresionismo tomé en serio la amenaza.

La heliconia es un ecosistema: la vida bulle en cada flor. Su néctar es preferido por los colibríes que tienen su pico diseñado para libarlas, gozosos y agitados. Forma, colores, néctar se combinan para atraer al inquieto y ágil pajarito. Hay historias trágicas de este amor que cuentan de alguno que libó tan adentro que no logró escapar. Escena de amor y éxtasis que nos regala esta pareja como algo cotidiano. En las pequeñas canoas que forman sus flores habitan también larvas, coquíes, insectos. Intensa socialidad y dependencia que obligan a la amistad. Juntos enfrentan las estaciones, tiempos secos, tiempos de lluvia, huracanes, frío y calor, los desastres naturales y los humanos, mi tijera que viene a por ellas.

Ya los zingiberales que derribó María están en pie, invitando a sus amantes.

Su justo nombre procede del Helicón griego, monte consagrado a las Musas, origen de la inspiración poética. A pesar de su generosidad, de su belleza, de sus colores, de lo duraderas que son sus flores en plantas y floreros, de que en otros lugares se obtiene perfume y champú de ellas y hojas para hornear alimentos, muchos les muestran declarado rechazo. Se les acusa de ser invasivas. Bienvenido objetó que sembrara ginger blanco en la finca, advirtiéndome alarmadísimo de que es invasiva. Hay incluso una especie común que la llaman la federal, porque "se queda con tó". Mi hijo, abanderado del respeto al lugar adonde quiera que lo llaman, entendió que esto que para Bienvenido era un error era precisamente la sanación que habría que hacer a la intervención excesiva del ingeniero. Con una máquina poderosa mondó y niveló en media mañana el terreno para hacer espacio para los humanos, imaginando ilusionado que hacía espacio a otra casa de urbanización para que se vayan asemejando estos indisciplinados campos al Ponce urbano. Los médicos de Ponce, tratando de importar la guerra social pequeñoburguesa a estos montes, reproducen casas de urbanización en estas montañas. Siempre las verás vacías. La soledad no auspicia la guerra. Mi hijo nos diseñó una sobria cabaña, inspirada en las Casas de Camineros que hay a lo largo de la Isla.

El mismo desencuentro ocurrió cuando pedimos sembrar bambú allí donde se notaba la agresividad modernista de la máquina. Raymond hacía muecas para expresar su incomprensión hacia esta gente que "siembra monte en el monte"; Jorge aconsejaba, con el tacto de quien no quiere perder un cliente, sembrar plantas comestibles. En la humildad de nuestra habitación del Bosque sufrimos la ambivalencia afectiva: respeto a la Memoria del lugar o deseo de urbanizar y borrar.

El monte camina. Los rizomas siguen su caminar subterráneo y de un mes a otro vemos adónde fue a parar el que pusimos solitario y separado. Las dos filas con las que hicimos la vereda de entrada a la casa buscando ocultarla, se va cerrando, de modo tal que si no viene huracán este año, habrá que despejar la vía. Por el barranco avanza silente, como soldado del mundo vegetal, la enhiesta palma de sierra. De un año a otro la vemos cada vez más cerca.

El huracán María arrasó de tal modo que parecía que había ocurrido un incendio en la montaña. Lloré la desolación y las retamas San José derribadas con las raíces al aire. Todo, con excepción de los altos helechos arbóreos, se veía quemado. Seis meses después, cuando esto escribo, ya la vegetación se muestra en decidida recuperación. Todavía no hay flores ni frutos en la finca, pero los árboles y las plantas siguieron su ciclo vital. A algunos los ayudamos a enderezarse, a otros les quitamos las partes más heridas, a otros los amarramos, a otros los despejamos, a otros los dejamos volver a los elementos. Pero el bosque avanza. El sinnúmero de casas que no resistió el embate serán prontamente cubiertas. Plebeyos bejucos de puerco, pero también gingers, saúcos, yagrumos no se detendrán ante las abandonadas estructuras. El bosque prosigue su propio e implacable proceso de recuperación, sin necesidad de la mano humana. Es más, las subsidiadas fincas de café, que producen grados de frustración demenciales, serán en un breve tiempo absorbidas por el bosque. Let it be.[ii]

Las ciudades costeras dependen del Bosque, de su capacidad de colectar agua en sus suelos y de su vegetación que les mantiene el suplido continuo de agua y aire limpio, y su distante e indomesticable misterio. No se habla de él, de su servicio silente y fiel a las ciudades de abajo, hasta la próxima sequía que les recordará a las gentes la existencia de estos embalses de agua y aire. Mejor así. La invisibilidad le protege.

El bosque resiste impasible los golpes, los naturales y los humanos. Unos van y otros vienen. Todos están de paso. Es cuestión de paciencia. La mayoría no soportará los rigores de la lluvia y el viento, la vida que bulle entre las hojas, las especies invasivas, los huracanes que aún cuando no pasen pasan porque aquí todo se siente más fuerte, la soledad y el silencio. Este paisaje agreste, incontenible e impersonal les desalentará. No hay gramas como de campo de golf, ni femeninas y dóciles florecillas, ni jardines racionalistas como los de las urbanizaciones cerradas que imitan los de los países templados en los que nada se sale de sitio y proporción. Florida, Boston o New York, son ya destinos cercanos, sin los heroísmos de antes ni nostalgias de maternales pañuelos empapados en dolor. Y muchas más veces el divertido Orlando.

Si de algo es víctima el puertorriqueño es de su hospitalidad, de su extraña capacidad de convivir con todos, incluso con los que los desplazan. Los gringos de Vieques, desde su hedonismo existencial mechado por el marxismo cultural *lingua franca*, menosprecian la lentitud de los nativos. Ellos sí que gobernarían bien la Isla Nena, si pudieran prescindir de los locales. Mis colegas cubanos menosprecian la isla que acogió a sus familias, les dio Cátedra sin mucha indagación y los privilegios que van con ella. La ruina económica, política y moral de Cuba les parece más admirable que nuestra lucha de David por negociar con los poderes que en el mundo son. Ideología que es ricamente premiada en el mundo cultural isleño. También los emigrados a los estados vienen con aires de superioridad cuando se cansan del mall, la asepsia del suburbio y el billete americano. Estando en Boquerón nos preguntaba un bañista recién llegado de Orlando con su mujer y dos niños sobre la vida en Puerto Rico, se quejaba, entre otras cosas, de no encontrar un Popeye´s. Les dimos las señas de Chiquitín, cuyo sencillo menú es pescado frito, de allí mismo, tostones y cerveza en una humilde mesa debajo de una palma con vista al mar.

Los modernos son nómadas que se prohíben habitar, hacer de un sitio un lugar en el mundo; y cuando encuentran uno, se proponen desbaratarlo, borrarlo, homologarlo, anhelando que todo sea Lo Mismo. Viven como peces que cuestionan el valor del agua.

Con su cíclico devenir, la Naturaleza sólo tiene que esperar. Las abandonadas y deshabitadas casas que destruyó María, el súbito entusiasmo que llevó a un médico de Ponce a raspar media montaña para sus dos recepciones anuales, las fincas de café que dudan si levantar los frustrados cafetaleros, son terreno para la expansión vegetal. Palmas de sierra, yagrumos, saúcos, helechos, gingers avanzan.

6 VALLE DE COLLORES
O EL MISTERIO DEL OTRO

Los que tal dicen, claramente dan entender que van en busca de una patria; pues si hubiesen pensado en la tierra de la que habían salido, habrían tenido ocasión de retornar a ella.
Hebreos 11: 14–15

De Collores podemos también decir: nombre al pensamiento grato, por esa oda a su madre que nos legara el poeta Luis Lloréns Torres. No lo recordamos por su agitada vida política, ni siquiera por su obra, sino por este sencillo poema, en el que su biografía singular llama a la nuestra.

Nuestra casa está en Collores de Juana Díaz, pueblo de poetas. No en el valle, sino alto en la montaña, donde el Barrio Collores del poeta juanadino se une a Orocovis, a pocos minutos de Cerro Maravilla y Cerro Punta, el pico más alto de la Isla. Si se ve el mapa se puede observar que aunque la dirección oficial de la finca reza Juana Díaz, el portón de entrada está en Orocovis. Como una especie de Four Points isleño, Juana Díaz, Villalba, Jayuya, Orocovis se encuentran por estas latitudes.

Ese poema nos obligaban memorizarlo aquellas severas y dedicadas maestras de mi infancia, como emblema de la historia colectiva ante la modernización. Había una cierta militancia étnica en la docencia. En *Valle de Collores,* el poeta nos propone el misterio del otro en una historia circular: su viaje del campo a la ciudad y, de vuelta, en la imaginación y en el amor.

El pañuelo de su madre, aquél con el que llorosa le decía adiós en su Collores natal, contiene todo lo que hubo de puro y cierto en su azarosa y triunfal biografía. Aquel pequeño pañuelo se expande hasta darle sus colores al valle entero. También San Agustín encontró su identidad espiritual en las lágrimas de su madre, Mónica, que le mostraban el camino vertical hacia Dios. Pero el viaje poético del modernista no es de ascenso al Padre, sino circular, de vuelta a la madre. Quedan en la vida urbana los tesoros dolosos que ama el hombre social: fama, éxitos, poder, placeres. A mitad del viaje de la vida, escarmentado, recuerda. Tiene la fortuna del recuerdo, del buen recuerdo. Las limitaciones de la vida que aquí vivimos le devuelven a aquel pañuelo, a las certezas de la orfandad moderna: la madre, y con ella, la tierra. El pañuelo concentra origen y destino. Hay una bendición, algo olvidada, en el origen.

Celebración de un origen portador de una bendición que no hay que igualar a la actual apoteosis de la madre. El poeta recuerda aquel pañuelo *después* de haber gustado a saciedad el cáliz de la vida, de haber cumplido el Envío. Aquella despedida materna, esto es, la confianza en el Porvenir, hizo posible los éxitos que ahora le aparecen como insuficientes. No es éste el drama de muchos de mis jóvenes estudiantes que ya, sin haber cumplido su segunda década, auguran metafísico Fracaso para ellos, sus colegas y la sociedad entera. La esfera pública, el estudio y el conocimiento, las instituciones, la ley, en fin, el Afuera les aparece como madriguera de maleantes.

Las maestras ya no obligan a llevar un poema en la memoria, como una mano de azabache, ese amuleto que las madres colocaban en el bracito de sus envidiadas criaturas. Superé la prueba pues memoricé tan bien Valle de Collores que aún puedo recordar mucho de él. Prefería, sin embargo, la historia de Segismundo con su continuo ir y venir de la vigilia al sueño. Pero el poema de Lloréns Torres no ha perdido su eficacia porque nos devuelve a la infancia y a un pañuelo de bendición. Sólo que a mí a una niñez urbana y optimista habitada por aquellas maestras de entonces que nos trataban con la seriedad y gravedad de quien tiene las más altas esperanzas puestas en la sucesión. También mis padres padecían de grandes expectativas.

El moderno rechazo del pasado y la tradición, con la desertificación walmartizadora que nos dejó, adquiere dimensiones espantosas en la Isla, donde se cuestiona no sólo quién gobierna o administra, sino la Fundación misma, predicada como fraudulenta. Confunden Puerto Rico con el ELA (el

Estado Libre Asociado), esto es, el estatuto político; identifican las islas y el país con el orden político–jurídico. (No estamos solos en el dislate. Para muchos franceses Francia es la République -como quien dijera, se quedaron con la placenta y desecharon la criatura.) Y como el estatuto político se ve insuficiente, ofensivo, humillante; todo es insuficiente y humillante. La Política, triste, sirve esta insuficiencia que, como tinta de calamar, se le inocula a todo. En el origen hay una maldición: un pueblo traicionado por los padres. Tanto el ámbito personal como el impersonal de las instituciones se predican como falsos, erróneos, y en este Error se nos invita habitar. De esta pasión nace la Política isleña: la inferioridad como el rostro negativo, la sombra, de una voluntad de dominio disfrazada de víctima o de impotencia. Esta figura moderna de la reproducción tiene una ética de salmón: basta llevar la contraria para existir, ser considerado como inteligente, tener derecho a hablar y a medrar. Hay además una complacencia en esta destitución total de la esfera pública que les confirma el escaso valor de todo esfuerzo. Si algún esfuerzo sobrevive a esta inutilidad elevada a principio deberá usarse como ocasión propicia para destituir lo público, ese Afuera que nos obligaría a lavarnos la cara y perfumarnos la cabeza. (Mt 6:17)

No es un drama puertorriqueño, como singulares condenados de la tierra. Los tiempos modernos son parricidas: maldición del pasado, deseo de empezar de cero, sin tradición, sin padres ni maestros, ni deuda genealógica. Negación de la negación permanentes que le dieron ese *tempo* acelerado, violento y disoluto a la época moderna, que ya en su autodestrucción cierra su ciclo. El Anhelo moderno es la autofundación, ahora reclamado también por el individuo. Cada uno ha de autofundarse. Do it yourself universal. La orfandad ha crecido, para nuestra actualidad postmoderna hay dolo también en la madre. Al paso que vamos, ya nos ordenarán que dejemos a nuestros hijos y nietos inscribirse ellos mismos en el Registro Demográfico. Criminalizar el pasado es la manera de creerse mejores, enseña Jesús (Mateo 23: 30).

Si, creyéndonos mejores, juzgamos el legado como imperdonable, si las generaciones que nos precedieron sólo nos legaron engaño, violencia, fraude, error y, de toda esa historia, sólo nos queda la memoria del dolor, ¿quién podrá, en su sano juicio, asumirlo? La tabula rasa, el repudio del legado imperdonable, se convierte entonces en un imperativo de individual supervivencia psíquica que corta toda capacidad reproductiva. La reproducción tiene su lógica crediticia: la deuda contraída con la ascendencia, que hizo posible nuestra identidad terrena, con sus luces y sus sombras, se le paga a la descendencia. Si, confundiendo el Día y la Noche, en una edición del ojo por ojo, maldecimos la ascendencia –juzgándola como imperdonable– entonces, ¿qué de la descendencia? Maldecir el legado implica renunciar a la descendencia. Por lo tanto: el tiempo en la tierra de las generaciones que nos precedieron al menos sirvió para errar, el nuestro no servirá de nada. La combinación de la fijación en la posición del Hijo víctima, acreedor eterno y el Afuera como guarida de maleantes sólo aumenta el cúmulo de reparaciones necesarias, en el orden del tiempo.

Así, la mayoría que no ve Porvenir, como doña Marta, echa todo a pérdida, opta por Florida, cobijarse discretamente bajo el Orden federal y acogerse a sus pacificadores límites –mientras dure–. Otros muchos trasladan allá su Acreencia. Pero, ¿realmente, la tabula rasa: el rechazo del comercio con el pasado, la emigración, la adopción de otra identidad, la adscripción laboral a otro grupo humano o a las luchas y miserias de otras etnias o sociedades, la acreencia presentada a otro país y a otras gentes (para lo que pensamos, da igual que sean los estados o Venezuela), elimina la Memoria y la Acreencia, y sus efectos y consecuencias? No lo creo. La ilusa pretensión de la tabula rasa y su censurada memoria son ya el misterio del otro, su legado. Inmovilizados en la posición del Hijo –eternos acreedores– el repudio de la herencia hace viejas todas las cosas.

También a mí el poema de Lloréns Torres me devuelve a mi infancia, no a un pañuelo de dolor sino a la criolla mesa materna: verduras con bacalao como tentempié, arroz con gandules cargado de cilantrillo, pasteles, pernil, arroz con dulce y tembleque. En Navidad, mi padre compraba sidra, contra la desaprobación de mi madre que la consideraba una bebida alcohólica. En la evaluación de mi hermana Elba, el menú actual fue siempre el mejor de la larga historia culinaria de mi madre: "el mejor que te ha quedao", decía gustosa año tras año, agradecida. Pedíamos turnos para hablar, necesitados de procedimiento parlamentario, pues todos hablaban al mismo tiempo o se interrumpían para contar mejores historias. Mi hermana Ada, inspirada, recitaba con grandes gesticulaciones estos versos que todos aplaudíamos felices. También mis padres salieron de Perchas de San Sebastián a Hato Rey, durante el optimismo muñocista de los '50, tras las modernas promesas de prosperidad –que lograron. Sólo que jamás les ganó la nostalgia. Es urbana la forma de mi maternal pañuelo y felicidad infantil.

7 YIN/YAN

...pero al principio no fue así.
Mt.19:8

Los domingos acudíamos a la Misa en alguna parroquia cercana. Siempre como forastera, no por falta de hospitalidad que más amable no puede ser la gente, sino porque no hay para mí parroquia como la de mi bautismo. No sé si falto a la Iglesia al decirlo. Me edifica el universalismo de una Iglesia santa y pecadora que en su larga y complicada historia ha sabido lidiar con los dramas políticos locales sin tomar su Rostro de ellos, pero, mi preferencia litúrgica está en San Juan: la austeridad de aquellos curas españoles, las homilías que no le concedían un ápice a las trivialidades locales ni a los sentimentalismos psicológicos modernos, ni el más mínimo asomo de complicidad con la Alabanza–entertainment, la profundidad teológica de estos curas preparados por el rigor de los seminarios españoles de otrora. Vi a mi párroco escoger callar, antes que prestar su alta Función y palabra a la creciente banalidad ambiente. Esto no lo he encontrado en las parroquias del sur, muy nutridas por los patriotismos locales y la horizontalidad emocional de vaticano segundo.

Me asombraba la demografía: el dominio de lo femenino. Mujeres de todas las edades, niñas, niños y adolescentes frágiles y delicados que se buscan ansiosos en la mirada de la madre y en la complicidad de las hermanas. Curas y diáconos desconfiados y asustadizos que corren a la sacristía delegando sus ancestrales y prestigiosas funciones de autoridad social a algún sobreviviente padre de familia que suple la función "mundana" de compartir con los fieles. Muy pocos varones, padres, o abuelos;

mayormente ancianas y madres jóvenes, demasiado contentas de tener la prole sólo para ellas. Cuando enseñaba en la Cárcel de Mujeres de Bayamón -por invitación de la doctora Edna Benítez quien dirige allí un programa educativo en vista de su eventual excarcelación-, las muchachas hablaban de la familia con resentimiento, como Penélopes golpeadas por la conyugalidad de esa familia patriarcal sin padre de nuestra´cultura´ postmoderna. El irresponsable hijo–esposo aparecía como 'el pai de mis hijos'; la sociedad de gananciales del poderoso contrato matrimonial burgués reducido a un proletario pago de pensión impuesto por el Estado penal. Aquí en la montaña no aparece ni en el discurso. Las abuelas suplen y así no envejecen nunca. Llega la madre adornada –no son amazonas porque es obvio que fue al Beauty y exhibe los signos de su femineidad– acompañada por la abuela que suple contenta la función materno–paterna. Abuelas, forever young, a las que la muerte encontrará en el esplendor de sus roles reproductivos.

Esta escena que describo no trata de matriarcado. Tampoco hay tíos maternos, y las expectativas de estas mujeres para sus hijos e hijas son las mismas que las de la sociedad patriarcal moderna: éxito financiero y altos niveles de consumo, títulos profesionales, ciencias positivas y matemáticas, tecnología y competitividad, identidad sacada de los objetos, buen inglés. Y si éstas se logran en los estados y bajo el MAGA, mejor aún, más orgullosa se siente una. La expectativa sigue siendo la participación en la lucha social burguesa –aún con sus salarios de empleados–. No, no se trata de matriarcado. Es la apoteosis de la Madre, hijos e hijas reducidos a séquito o proxies.

El doble registro alimenta la confusión, los valores de la Noche rigen el Día. La finalidad sigue siendo la de las instituciones del patriarcado, sólo que se ha de alcanzar sin ellas. No se les eximirá a estos jóvenes desconfiados, frágiles y asustadizos de acreditarse en el mundo patriarcal y apolíneo de las profesiones. Ninguna de ellas quiere en su corazón que sus hijos e hijas, llegados a la adultez, se queden cocinando y cosiendo, rezando el Rosario, peinando en el beauty, paseando por los malles; formas de vida a las que seductoramente los invitan ahora. Y la agricultura no es una tarea estimada en un mundo educado por Univisión.

La elisión del padre no llevó pues, aparejadas, la desaparición de la versión burguesa de los valores patriarcales. Es ése el desgarramiento. Y si en San Juan abundan las mujeres dispuestas a encarnar la desertada Función

–la mayoría haciéndose violencia– acá en la montaña aparece vacía o suplida por las abuelas. Hasta a la Jerarquía de la Iglesia, con todo el amparo natural y sobrenatural con que la dota la Liturgia, le cuesta asumir la autoridad más allá del protegido presbiterio. Y aún ahí no deja de asomar la Duda moderna y esa tristeza desconfiada contra la que nos prevenía Francisco Javier. En la Universidad es igual, pero los anónimos procedimientos tecnoburocráticos y su despótico mundo de papel suplen la autoridad ausente. Además, no sólo asusta la autoridad en cualesquiera figura que se presente, sino que ya hay una fobia específica contra la carnalidad, porque los hombres a todos asustan. La llegada del viril Ejército Americano, con sus uniformes y botas, camiones y eficiencia militar, para auxiliar después del Huracán María, la agradecen con euforia, pero la experimentan como un desfloramiento, un evento extemporáneo predicado bajo la lógica de un temporero derecho natural parte de la Biopolítica. Se agradece aún más que estas energías viriles sean tan pasajeras, que llegan y prontamente delegan y se van.

El tercero separador de la unidad madre–hijo(a) lo buscan en la escuela y en la iglesia. De ahí su socialismo natural. La dependencia se predica como un derecho natural: el Estado ha de proveerles sus necesidades vitales y educativas. El Estado es el padre–esposo que les debe pensión. La escuela se acepta porque en su horizontal blandura prosigue la vida doméstica. Se privatiza lo público, escuela y servicios sociales prolongan la vida doméstica. La iglesia es maestra de la moral social. Ni el mismo Hostos y los masones imaginaron tal adelgazamiento.

Sobre Dios y la Iglesia se ponen entonces demandas y cargas domésticas. Como en Masá o en Meribá, la función social y política de la Iglesia crece, mientras las enseñanzas escatológicas se posponen ante necesidades vitales, urgentes, casi de supervivencia psíquica. El cura habla del mall ponceño, de las elecciones, del alcalde, de las esperadas obras públicas o de alguna actividad en la Plaza, que, si son del Partido Popular, es como hablar de una fiesta de familia. Lo que no es exclusivo de los católicos. Por todos lados crece la vida indoors, la línea horizontal y la autoreferencialidad moderna. Los protestantes proponen la filiación divina como terapia de autoestima, el culto de alabanza como remedio antidepresivo y el Envío como trabajo social. Como en Masá y en Meribá, detecto la profanación, pero mi fe y mi esperanza no dependen de la sociología. Jesucristo nació en Belén y fue crucificado bajo Poncio Pilato.

Recordaba silente a Heráclito que enseña que el frío nos hace valorar el calor, y a la inversa. El exceso de Yin isleño me ha hecho amar aún más el Yan no humano del Verbo encarnado (Jn 14:9). Miro por la ventana: las cumbres que no son fáciles pendientes, los árboles: yagrumos, saúcos, granadillos, ceibas, El Bosque,[iii] la luz, el sol caribeño.

De los lugares forestales es propia la dasotomía, la pregunta por el régimen que les es conveniente. De estas familias saldrá poco interés por el Bosque, para la vida outdoors a que invita. Sus aguas frías, los tereques para acampar, el frío nocturno, la necesidad de buscar leña para hacer una hoguera en lucha con la lluvia y la humedad, los peldaños por los que los niños trepan intrépidamente, la ausencia del confort doméstico, los sonidos nocturnos de la naturaleza, la oscuridad, lo elemental de la alimentación, la soledad y el silencio, no son amables para quien gusta de lo seguro y muelle.

El bosque podría apoyar alguna forma de turismo, de los que pasan sin querer instalarse. Ya lo visitan los domingos los que gustan de un baño fresco en sus cascadas y un bbq[iv] con cerveza. Hay también tesoros escondidos para científicos como para espíritus contemplativos. Claro que, para el blando espíritu pequeñoburgués imperante, el ascenso a una montaña a dos horas de San Juan, lejos de malles y fast foods, les aparece como un Everest y la soledad y el silencio como un eremitorio.

La convocatoria del Bosque está en su sazón ahora que la implosión social y las catástrofes 'man–made' desalientan a tantos a viajar. Porque si la tecnología abre al mundo, la violencia nos encierra. A una amiga tejana que me preguntaba sobre la seguridad de traer a su niña a Puerto Rico no tuve que responder, en esos días ocurrieron varias masacres en su próspero estado que le dieron la respuesta. Vinieron, disfrutaron su estadía y no se repitió la maliciosa pregunta. No son pocos los amigos que han pasado un susto en sus recientes incursiones en la Europa de su juventud universitaria, aquélla a la que le debemos como hijos agradecidos nuestra identidad profesional y mucho de nuestro sabio desapego. Europa llega a su fin como destino cultural y turístico, consumida en la confusión, el terror, el nihilismo. Colegas que han amado París por décadas ya, prudentes, deciden por Washington para el verano. Poco a poco el terrorismo va llevando a muchos a abandonar Europa como destino, a México por los secuestros y el narcoestado, a Latinoamérica que se proyecta como un polvorín. Es una pena y una tragedia. Se estrecha el horizonte.

La fama de estas islas, sin embargo, obedece a desastres naturales que tienen algún grado de predictibilidad y que pueden ser objeto de reflexión y estudio *in situ*. Almas que no requieran de Disney, ni de extravagancias, ni hoteles de lujo, ni tragos de múltiples licores, podrían sentirse atraídas por los placeres simples del Bosque. También la escasez presupuestaria podría animar a muchos a subir a caminar por sus verdes y frescas veredas y a refrescarse en casa de Eliseo.

8 LA VISTA

El Dios que hizo el mundo, y todo lo que hay en él, que es Señor
del cielo y de la tierra, no habita en santuarios fabricados por mano
de hombres (...)
Hechos 17:24.

El este amanece rojizo naranja. Voy en cuanto me levanto a saludar la mañana, la luz que ha vencido la noche, como si fuera Domingo. El misterio pascual nos los revela la Tierra en su movimiento. Allí he puesto el Divino Niño con sus brazos pidiendo ser acogido, rodeado de flores que atraen mariposas, abejas y colibríes. Ruiseñores y pitirres se mecen en el inclinado cable de energía eléctrica que no logró derribar María.

En el fondo, al noreste, lejos, la montaña con algunas casas abandonadas: de médicos de Ponce a los que pronto se les pasó el entusiasmo campesino, otras a las que nadie regresó después de María. Los que no se han ido aún esperan que suceda otra vez, la próxima temporada. En la medida en que la economía lo permite, hacen algunas mejoras teniendo en cuenta las lecciones del huracán María que incrementaron los prestigios del cemento. Otros se guarecen aún bajo el toldo azul de Fema. Para perturbación de los *patriotas* –en las islas el nombre se aplica a la izquierda que con el discurso de la víctima domina el discurso público y cultural– todos admiran y agradecen la pronta respuesta del Ejército de EEUU con sus provisiones, cuando las carreteras eran intransitables. Las Iglesias evangélicas se convirtieron en eficientes centros de acopio y distribución pues ellas saben quién va y quién viene por estos lares. Rosa, siempre queriendo ayudarme con la tarea alimentaria, me guardaba paquetitos con mantequilla de maní, dulces pork and beans, un nutribar, botellitas de agua. Mirando hacia el sur el Mar Caribe nos retiene embelesados en su azul plateado. Se ven los cayos: Caja de Muerto, Berbería, Cardona. Roque, cuando nos vendió esta finca, nos recomendaba contar con el salitre a pesar de la altura: la ausencia de montañas frente a la casa permitiría que el salitre del mar nos alcanzara. El mar, que está lejos por la carretera, se ve cerca por la altura despejada.

Los molinos de Santa Isabel a la izquierda, hacia el sureste, parecen abandonados, como el reloj de la iupi cuyo mecanismo –significativamente– dejaron de la mano. Los molinos, a lo lejos, me recuerdan a Vieques. Quizá porque desde la casa de mi hijo se ven los de Ceiba. Miro en dirección este, hacia mi amado Vieques. Invoco a su favor a mis amados ángeles Miguel, Gabriel, Rafael y a la Virgen. Abajo la ciudad urbanizada, la peladura de alguna montaña anunciando su expansión, la autopista a Ponce y el Aeropuerto Mercedita. Si miras hacia el sur, hacia Ponce, el silencio y la soledad se reducen porque en la distancia verás que la vida social sigue su ebullición de panal de abejas. Tentación me da a veces de bajar a Homedepot. La resisto.

Desde la cama acostada lo primero que verás por la mañana es el noroeste. La montaña parece flamboyán porque el sol la ilumina sin interferencias. Levanto la cabeza para confirmar que ese color anaranjado es la montaña. Si miras con atención, alguna casa abandonada después de María se ve asomada entre algunos árboles. Los yagrumos aparecen nevados cuando sopla el viento y sus hojas tornadas semejan nieve. Es marzo y aún no hay luz eléctrica. Muchos se han ido. Los estados aquí están cerca. La gente habla de allá –Orlando, Boston, New Jersey– con más cercanía que yo de Vieques.

La soledad aumenta cuando miras al norte, noreste, noroeste: la Cordillera. La montaña arriba y el Cerro Rosa que cobija extraterrestres y ovnis –dicen los vecinos– no proponen ningún lazo humano. Sólo el contraste del azul caribeño y el verde, o mejor, los verdes.

El cielo azul transparente hasta mediodía o la una. Luego todo se nubla. En los meses de lluvia seguro llueve.[v] Llueve poco durante el verano y la Navidad. La ropa hay que tenderla temprano para recogerla al medio día. Las nubes pueden verse arriba pero también abajo. Las ves entrar entre las dos montañas abajo, atravesarlas, subir y pasar por la casa. Hacia Orocovis creo que van. Orocovis es para mí Rubí –como el café– una joven amiga de la familia que sabiamente regresó a sus campos después de una intensa estadía universitaria en San Juan. La recuerdo y la bendigo; su juventud, dulzura y belleza nos alegraron muchas veces, y medito su inusual heroísmo de regresar con su hijo y su educación a estos montes, en lugar de irse a los estados tras la prosperidad, la vida escondida y las libertades del emigrante, como hace la mayoría.

Hacia Caja de Muerto miran todos tan pronto arriban. Para algunos asemeja un cocodrilo, para los cultos la serpiente del *Principito*. El cielo y el mar se juntan de tal manera que la isla parece una nube más flotando en la distancia. Hay que detenerse a mirar.

Las auras y los guaraguaos no hay que verlos en el cielo.[vi] Su sombra agresiva se proyecta en la tierra. Gallos y gallinas raudos corren a esconderse.

9 EL LLAMADO

Pásame tus huérfanos, yo los cuidaré,
y que tus viudas se acerquen a mí con confianza.
Jeremías 49: 11

Al silencio pues no se llega sólo por subir allí. La mente produce, espontáneamente, Acreedores, Deberes, Deudas.

Anciano y perturbado por la proximidad del Fin, Domínguez no lo recibe, sus teológicas conversaciones parecen querer reparar una culpa difusa, que el lenguaje no atina a nombrar. A Carlos, mi esposo, le cuesta posponer a los clientes que dejó en su vida urbana, "esto no es para todo el mundo" se le escucha decir cuando los días de soledad y silencio se acumulan. Del celular y el ipad con disciplina me separo yo, más por las dificultades con la señal que por Serenidad. Hago mi ritual de desprendimiento: repaso en mi mente que haya atendido lo que tenía que atender, con incierta culpa pongo en la agenda lo que dejé pendiente hasta la vuelta, encomiendo a los míos a Dios y a la Virgen, como si a otra dimensión pasara. Me desconecto. Así, poco a poco, con dificultad, voy borrando mis identidades diurnas, como quien se quita abrigos confiando en que podré estar un largo rato sin ellos.

El americano, el Dr. Morris, esposo de una puertorriqueña que murió antes de tiempo dejándolo con siete hijos de ambigua nacionalidad, parecía estar allí huyendo de lo que quedó de la deshecha vida familiar, viudo también de los hijos. Tanto amaba aquel recodo del mundo que no aceptaba ni pensar que la vejez lo obligaría a instalarse en otro sitio en sus últimos días. Llenaba sus días investigando los daños ecológicos que en nuestro hábitat obedecían a la Monsanto. Debió escribirlos. A Bienvenido no lo persigue la Monsanto, sino su difunto padre que en su infancia los expulsaba de la casa a la hora que su locura alcohólica ordenara.

Ansiosa por la distancia que la separa de sus hijas en Boston y New Jersey, rodeada por la hostilidad silente de la familia política, tampoco Rosa acoge este silencio dulce que invita a la Confianza. Mata conejos y hace pasteles que en persona lleva a su hermana en Orlando. Del Bosque a Orlando, como si San Juan no existiera, sólo el aeropuerto para abordar el avión. Su humildad campesina no obsta para que su lengua hable un inglés correcto, eficiente, propio de quien vivió largas décadas en los estados. Asoma, en nuestras conversaciones de madres. la pregunta jurídica, nunca directamente formulada, de si de todo lo trabajado junto a Ángel durante su dos últimas décadas, algo beneficiará a sus tres hijos que viven con los suyos en los estados. Quiere pensar que este imbricado legado se resolverá favorablemente sin actuar para que ello ocurra, como si no quisiera conocer el corazón de su cónyuge en materia tan definitiva.

Anciana y enferma, Doña Marta, que se crió en estos campos y todavía viene a ver la finca que heredó de sus padres, se siente urgida a irse a Miami tras su nieta. Siempre pregunta con dolor sobre procedimientos, consejos, para disponer de ella, como una Sísifo que levantara la piedra para volver a hacerlo la próxima visita. Se sobrepone al deseo de descansar ya de sus afanes en estos campos de su infancia, escuchando que su nieta la requiere allá en Miami.

La falta de trabajo y de porvenir pesa sobre los jóvenes, que no se conforman a la ciudad pero tampoco a este vacío social y cultural donde sólo son gratuitos las bendiciones de Dios en la Naturaleza, el amor de la madre para algunos, y las convocatorias de las iglesias. Las pentecostales hacen una labor militante de catequesis y de solidaridad y auxilio mutuos en las necesidades cotidianas, en un mundo social cuyo calendario económico apenas organiza, prevé, el día. También están los muchos bares, pero estos les requieren un presupuesto que no tienen. Que en "los estados también está mala la cosa", les escuchas decir, sin que nadie les haya preguntado.

Ya no viene de San Juan o Ponce el llamado. El ambivalente amor a estas montañas no obsta para sentir que en otro lugar lejano los llaman. Me asombra que mis estudiantes en San Juan ya no entiendan el platónico axioma de que es el bien y lo debido lo que ata y sostiene todas las cosas.

10 MARÍA, EL HURACÁN

El Señor respondió a Job desde la tempestad.
Job 38:1

Puerto Rico es un archipiélago en el Mar Caribe. Las islas forman una unidad pero son distintas. A mis amigos urbanos les escucho decir que en la isla no hay estaciones. Si así fuera, podrías sembrar gandules en cualquier fecha. Pero todo el mundo sabe que los gandules para el arroz de Noche Buena se siembran en el primer menguante de la Cuaresma. Es falso que no hay estaciones, como es falsa la idea de que todo es Lo Mismo, de que hay un solo paisaje natural o humano, todo subsumido bajo el nombre (político) de *Puerto Rico*. Me quedo callada porque sé que hablan de la monotonía de sus vidas más que de la Naturaleza, la *Physis*. La vegetación, la cotidianidad y la demografía sanjuaneras no son las mismas que las de estas montañas, ni la que encuentras en Vieques, la isla al este de la Isla grande. Los colores del verano no son los mismos que los de la Navidad porque el Sol no nos alumbra igual. La ansiedad de las vacaciones y del calor del verano no es la misma que la de la larga temporada de huracanes. El mar no es el mismo en Barceloneta que en Vieques, en Rincón que en La ocho. Cierto que, positivamente, en las islas el mar siempre está cerca, pero no en todos partes la vida marina es una cotidianidad. Mi hijo Carlos Damián, que ama, estudia y pinta la vida marina, ha podido vivir de su arte en Vieques porque allí muchos comparten ese amor. Como los primitivos que pintaban bisontes en sus cuevas, allá le piden peces, jicoteas, estrellas de mar, pulpos y mujeres mirando por una ventana. No así en San Juan. Tampoco la demografía es la misma, ya no sé si hay tantos gringos como viequenses en Vieques. Reemplazo étnico que le hace imaginar a mi sobrino Luis –que se crió desarraigado en los estados, se avergüenza de su español y se identifica como puertorriqueño– que quizá Vieques puede ser, algún día, su hogar, un lugar donde sentirse bienvenido. Así sea.

No me excuso pues por los anglicismos a que acudo cuando la eficiencia del inglés americano es la mejor solución. Los castellanismos son para nosotros más foráneos que el inglés. Cinta adhesiva para no decir tape, retroalimentación para no decir feedback, correo electrónico para no decir email; los que se quieren cultos hacen estos malabares que cortocircuitan la comunicación. No aceptar quiénes somos es la única verdadera vulgaridad – enseña el insólito colombiano Nicolás Gómez Dávila. Luego de 120 años de una intensa convivencia con los EEUU continentales nuestra identidad individual y colectiva los supone. Puerto Rico se convirtió en PR. La mitad de la familia –como todas– se instaló allá, con ambiguo afecto. El drama de amor–odio a EEUU identifica ya al puertorriqueño. Todos estiman más sus títulos que los nuestros. Todos aman y copian el american way of life.

La experiencia del viaje a la montaña tomó dimensiones nuevas después del huracán María de septiembre de 2017. Pasaron meses antes de que Ángel nos llamara para decirnos que ya la carretera estaba despejada…Empecé este libro antes del huracán y lo termino después: dejo constancia de que en la duración, con sus sufrimientos y privaciones, creció mi amor.

La experiencia del huracán, la mía, me hizo crecer en gratitud. Lo peor del huracán no fue tanto cómo lo pasé –entre lo tragicómico–, sino el después: desinformada por la histeria mediática, que es la voz usual de los medios isleños ahora elevados al paroxismo, narraban escasez, saqueos y violencias de todo género en Vieques y no teníamos conexión telefónica con mi hijo que vive allí. Traté comunicación con Robert Rabin, Carmen, Morgan, Papito, Ardelle y todos cuyos teléfonos ansiosa buscaba por una vía o la otra confiada de que el Fortín Conde de Mirasol habría cumplido bien su promesa arquitectónica de resguardarlos del enemigo. No había ferries ni teníamos acceso a medios privados de conectar con la isla. David, un amigo sanjuanero de mi hijo, más tolerante con los medios isleños, me traía noticias. Asombrado del relato lo noté cuando logró comunicación con nosotros porque tenía en su casa botellas de agua, snickers y los survival foods que reparte el ejército americano en estas circunstancias. Mucha demanda sí, pero generosa fue la respuesta de todos, decía. Lo he visto tantas veces tumbar y abrir cocos como un McGiver que por escasez de agua no temía, pero sí a las hordas famélicas que, como living deads, describían falazmente los medios. Su casa viequense es un bunker con terrazas mirando al mar y a Ceiba, diseño y construcción quizá pensados para resistir la violencia cotidiana de las prácticas bélicas de la Marina. Felizmente los relatos periodísticos sobre Vieques no tenían ninguna corroboración en la voz pausada y bostezante de mi hijo. Decidí a favor del otro extremo, leer los informes científicos del National Hurricane Center, a riesgo de que la fría objetividad anglo también encubriera algo.

A mi hijo mayor, ya en agosto Fema lo había destinado a Texas inundada por el huracán Harvey. Se instaló en Galveston, en la costa, un poco alejado de los clientes. Y él también tiene el don de la observación desapegada. Ese viaje le alteró el sendero, le nació el sueño de un rancho ganadero, pero acá. Le preguntaban qué hacía en Texas y luego en Florida, golpeada por el huracán Irma, habiendo tanto que hacer en Puerto Rico. Lo trasladaron acá en diciembre. Cuando regresó, después de haber visitado tanta gente en estrés post–huracán, reafirmó la superioridad del cemento de nuestras edificaciones. A Vieques fue a parar con una caja de corned beef para su hermano –por si no era tan cierta la normalidad que nos contaba. Como ansiolítico operaban sus flemáticas comparaciones, con su visión 3D de arquitecto, sobre las diferencias étnicas y de clase social ante las catástrofes.

Mis estudiantes me dieron otra lección. Ni el desastre de la infraestructura, ni la ruina institucional –ya históricos–, ni la pobre merienda que llevaban para pasar el día, ni los relevos de autos que habían tenido que hacer para presentarse allí, les impedían ocupar su silla debajo de una carpa con lápiz y libreta en mano, fingiendo elegante normalidad, para que yo siguiera con los filosóficos temas de los cursos que me asignan en la Universidad. Entre reflexión y palabra, espantábamos las abejas que erraban desorientadas en torno nuestro.

En la mirada de mis jóvenes estudiantes, en la devoción con la que me animaban a seguir con la clase, en su pobreza material, vi la urgencia de sostener esa amenazada forma de vida que les regala un sitio y les promete un Porvenir. Al principio tuve que fingir la fe que me pedían, pero haciendo de tripas corazones, vencí. Las autoridades universitarias decidieron recomenzar el semestre sin luz ni agua, ni acondicionadores de aire para los edificios enfermos, ni ascensores. Do it yourself!, as usual. A todas partes llevábamos un survival kit alimentario, los zapatos menos académicos, papel y lápiz porque no había internet, y una larga lista de las prácticas educativas que habíamos abandonado. Tuve una sesión dedicada a contar las experiencias, los que peor la pasaron sé que no hablaron, guardaban grave silencio escuchando a sus colegas, pero agradecieron que se hablara del histórico evento. Tampoco hablaron algunos, muy pocos, hijos del privilegio social, que con sus plantas eléctricas y encierros suburbanos me confesaron privadamente que casi ni se habían enterado de lo que contaban sus colegas. Todos me agradecieron la académica conversación. Agradecieron también que uno de los trabajos de la clase fuera un informe sobre alguna práctica de ayuda al prójimo, certificada por alguna autoridad del país. La resistencia inicial: no conozco a nadie, no sé qué hacer, tengo ya mis propias dificultades, etc, etc, etc. fue poco a poco borrándose. Cuando se venció el tiempo para la entrega del informe todos me agradecieron que les hubiese obligado a salir del caparazón, un rato. Muchos no podían creer lo que vieron sus ojos forzados ahora a la observación y participación distantes del científico, especialmente la diversidad de formas con las que los seres humanos nos acercamos al dolor y la pérdida. En algunos, se reveló un talento que la rutina escolar no les había dejado ver.

La noche del huracán la pasé en San Juan, con mi esposo Carlos y Angelito, mi vecino, que intrépido asomaba la cabeza para ver las cortinas de los vecinos atravesar el espacio. "Esa rosa es de la casa de Charlemagne" –decía entre nervioso y eufórico. Para el desayuno, coló café y adquirió chocolates de una máquina cercana. Aquella noche hizo un lazo invisible de afecto y hermandad que suscita una nerviosa alegría cuando nos encontramos.

Subimos a Collores mucho después, cuando nos avisaron que el ejército había despejado la carretera. Parecía incendio, todo quemado, arrasado. Caobos inmensos tumbados. La estructura de la casa estaba intacta, pero Rosa vio la nevera debajo de la cama, la mesa del patio en lo alto de un yagrumo y las paredes empapeladas de hojas. Creo que temía que nuestra psicología urbana nos desanimara, así que con su generosidad habitual, no dejó que yo viera la verdad del impacto doméstico. Así la casa aparecía machucada, pero ordenada y habitable.

Tras el desconcierto y desorientación de los primeros días, después de acoger largamente la duda de si levantar lo caído, sembrar de nuevo, y perseverar, retomamos la vida forestal.

11 MUJER, ¿POR QUÉ LLORAS?

Mujer, ¿porqué lloras?
¿A quién buscas?
(Jn 20:15)

El ruido urbano fue quedando atrás en Villalba. Los sonidos de la naturaleza son un primer momento de un lento detox del sonido, que comienza cuando se apaga el motor de la guagua, están atendidos los animales y las plantas, y ya nadie me pide nada. Vuelvo a experimentar el vacío de la escafandra. Los sonidos no humanos y los lejanos de los humanos que nos son indiferentes, se convierten en un fondo pacificador. Primer momento de la ausencia de palabras, como un lullaby que nos invita a la serenidad y la confianza. Conectada nuestra mente con el mundo no humano, visible e invisible, se debilita la relatividad y la especularidad, crece la Paz. Y, a veces, no tanto, porque se humanizan los animales domésticos y vemos saludos, demandas, alegrías. Aún así, la anulación de la individualidad separada que nos permite vivir entre los hombres, avanza, cuando la soledad y el silencio logran ir desgastando la vida relativa, el ser para el otro.

Los sentidos se alteran: el silencio aguza el oído pero también el olfato, mostrando la interdependencia de los sentidos. En San Juan no escucho bien sin lentes. El silencio beneficia el oído y el olfato. Allá arriba escucho pasos y en el silencio huelo fragancias que nadie registra. Pregunto, pero la experiencia no es compartida. Será que pasa la Virgen. La ausencia de la vida familiar y profesional hace que éstas vuelvan a la memoria, limpias de polvo y paja, en su amada desnudez esencial.

Sé que el ascetismo, como camino de perfección, fue un precepto universal. No se reduce a ascesis el altísimo misterio de la Cruz pero, aún así, con cierta mortificación voluntaria se inicia el camino del amor que celebramos en las vidas terrenales de Jesús, y de José y María. Confieso, sin embargo, cierta resistencia auditiva a la insistencia del sacerdote a que sirvamos al prójimo, para nuestro provecho; exhortación constante durante la Cuaresma y el Adviento. Quizá es que tuve demasiados prójimos. Como hija, esposa, madre y maestra, no me han faltado otros a quienes servir y ocasiones para posponerme, con dolor y alegría. Es más, el diagrama de la maduración personal tendría dos líneas: en la ecuación, con el paso del tiempo, se fue reduciendo la proporción de dolor y aumentando la alegría. El cuerpo y el alma, como las piezas de un puzzle, fueron poco a poco encajando, hasta perderse uno en el otro.

Dos leyes estructuran mi mente como murallas inexpugnables: a mi formación filosófica debo el diurno principio de no contradicción y a mi crianza, mi obediencia al cuarto mandamiento. El cuarto mandamiento supone, manifiesta, encarna y deja ver, el lógico principio de no contradicción. El amor fue mi otra protección contra estos diabólicos tiempos que hacen bien del mal, y legislan confusión. El amor de mis hijos y a mis hijos fue una brújula. De la desobediencia al cuarto mandamiento, tan común en nuestra actualidad, digo que el parricidio admite dos direcciones inseparables: contra los ancestros⇔contra la descendencia; el que va contra la primera va contra la segunda, y a la inversa. Pobres de las que estén embarazadas o criando en estos días. (Lc 21:23) Los hijos son los beneficiarios de esa póliza que es el cuarto mandamiento. No hay patria si no hay padres.

Abierta su mano con la llave del amor surgieron las criaturas, dice Santo Tomás de Aquino. El Principio de nuestra existencia no es terrenal ni mortal. Fue pues por la Gracia de esta Fe inoculada en mí por padres y maestros -a veces de torpe o ignorante manera- que me mantuve inmune a esa ideología o lugar común de nuestro tiempo de que todo es sociología, de que es capricho, accidente o error nuestra identidad; que no hay reparación individual ni transgeneracional que emprender, que abandonar el legado depositado en mí por mis ancestros daría vida a mis hijos, que hay Porvenir en el parricidio. Claro que, para quien no tiene hijos ni alma, para quien se entiende como un mecanismo animado a modo de un self-made Frankenstein, se abren de par en par las puertas de las ingenierías carniceras.

La Gracia de habitar temporalmente en estas formas –hija, esposa, madre y maestra– que, para la "cultura" liberal o marxista son figuras inferiores y exhíbits de alguna opresión, fue mi escudo, norte y protección. Resistí los embates deconstructores de la Tradición provenientes de familiares, amigos, colegas; a diestra y siniestra. La intercesión de San Miguel Defensor me acompañó todos los días. Así pues, bajo el epígrafe de mortificación voluntaria e involuntaria podría presentar también mis treinta años alimentándome de máquinas de expendio de "alimentos", como docente en el desierto que fue para mí la Universidad de Puerto Rico –a la que le agradezco: algunos pocos amigos y el salario que me permitió proveer para mi familia. Como un Cruzado loco y solitario, resistí esas fuerzas de disolución –socialistas o liberales, para lo que me ocupa da igual– que buscan igualarlo todo, hacer de todo *Lo Mismo* con un patriarcalismo sin padre. Vencieron fácilmente en la Universidad y la vida académica, a las que, de todos modos, pocos querían; acabaron con la familia, desacralizada, implosionada, convertida en territorio privilegiado de la lucha social pequeñoburguesa, disimulada tras el sentimentalismo; ya lograron instalarse en la Iglesia, el último bastión. Convirtieron en un mercado la casa de mi Padre. (Jn 2: 16)

En una interjección de mi párroco –Padre Ramón Conde– se resume la Historia. Hablábamos del poeta, también español, Juan Ramón Jiménez que vivió en el barrio de mi infancia, en su abrupta e inesperada interjección entendimos que se felicitaba, evitando la presunción, de haber buscado su identidad en Jesucristo y no en un asno. Genial economía argumentativa contra el modernismo.

No pierde exigencia la fidelidad por darse en lo pequeño (Lc 19:17), para consuelo de mi ánimo amante de heroísmo. Carlos, mi esposo, se sintió siempre atraído por los afligidos –Dios se lo tendrá en cuenta–: locos, viejos y asesinos, ocupan un lugar privilegiado en su obra y en su práctica legal – atracción que quizá viene de su encuentro cercano con lo definitivo, durante su niñez en la funeraria de su padre. Yo muero fiel a Virgilio, al Platón del *Fedón*, al Diógenes que se pensaba discípulo de Sócrates, a San Agustín. Siempre supe que estos amores me condenarían al ostracismo. Considero pues un triunfo amar aún el saber, el estudio, la vida del pensamiento; camino que escogí muy lejos de Puerto Rico, en esa oscuridad ilusionada de la juventud, haciéndole caso a la confianza ciega de mis padres y a tantos buenos maestros. Lo mismo digo de la vida sacramental de la Fe, la Familia y el Matrimonio: el cumplimiento de un Envío. Reconciliados están lo humano y lo divino, porque sabemos que, tras las apariencias, "el príncipe de este mundo ya fue condenado". (Jn16: 11)

En el registro trinitario que nos enseña el belén puse los hijos y la vida de familia: un amor y una esperanza que, aún cuando hubieran agradecido alguna hospitalidad familiar, social o política, pasó bien sin ella. (Jn 5:41). Tampoco cabe un sentido propietario del dinamismo de unos lazos cambiantes en su honda permanencia. Saetas en manos de un guerrero, los hijos de la juventud, dice el salmista. El misterio del otro, ni siquiera la sangre y décadas de amor lo lograrán revelar. Confieso pues que viví como un border collie que protege sus amores, en medio de un mundo que invitaba a la vida fácil, al hedonismo, el descuido, la confusión, la impermanencia, la disolución, la impiedad. O, como un guerrero que resguarda sus murallas, luché humilde e invisiblemente contra la multiplicación de la maldad para que no se enfríe el amor (Mt 24: 12–13), al menos en aquellos que Dios me envió, amando y empujando hacia el Cielo aún cuando parezca que ya habría que flotar la bandera blanca de la rendición. Quizá fue excesivo mi celo. Herí a muchos, amados, que vieron en mi batalla, dureza, rebeldía, arrogancia y abandono.

A tal grado pues até mi vida a los otros, que el ascenso a la montaña, la ausencia del compromiso, por los desgastes del tiempo y del espacio, me producían, más ansiedad y culpa que Paz, como si aún hubiera algo pendiente, esperándome. El tiempo fue poco a poco, pero inclemente, privándome de lazos, dependencias y acreedores amados. La casa se fue despoblando, silenciando. Luego el teléfono también se fue apagando. Así, el desgaste del Yo separado, sus personas y ataduras conocidas –las felices y las infelices–, por los medios que la soledad y el silencio forestales hacen posible, me producía un primer sufrimiento, como si peláramos una cebolla para llevarla a la Nada... *Loneliness* no es *solitude*. Pongo todo en las manos de Dios. Así, también hay alivio y levedad.

Basta el recuerdo de la pregunta asombrada de Jesús a la Magdalena: "Mujer, ¿Por qué lloras?", para espantar al Malo.

49

12 EL SOL DE LAS ANTILLAS

Por la entrañable misericordia de nuestro Dios
nos visitará el Sol que nace de lo alto (...)
Lucas 1.78

Concluido el momento de la dependencia de las criaturas, con las que hemos hecho del Bosque un *domus*, una casa y un hogar, la Naturaleza impone la continuidad de esas formas de la vida y la nuestra. Pospuestos los lazos sociales y humanos, vamos recobrando nuestra condición de criaturas, simples formas encarnadas de un Orden mayor. Entendemos *experiencialmente* que hay Orden, que en Él habitamos, existimos y somos. El Otro no tiene nuestras dimensiones. La Paz está en descansar en Él. Llega el Silencio que hay detrás de todas las cosas. Y en Él entendemos que del Amor salimos y que ya estamos de regreso.

Custodiada por este Sol antillano que nos llega allí sin interferencias, fecundada por las lluvias que nutren al bambú y las heliconias tan generosamente que hace que sea tangible su crecimiento, ya la Naturaleza (la *Physis*) como principio engendrante, siempre viva, hizo abono del destrozo, todo ya está verde, los guaragüaos y las auras siguen observándonos desde lo alto, la noche está llena de coquíes, chicharras y luciérnagas, a los árboles caídos los cubre ya la maleza, las heliconias comenzaron a florecer, las retamas que enderezamos tienen brotes, ya hay piñas allá en la cuesta, y las palmas de sierra, cada vez más cerca.

Y vio Dios que era bueno.

25 de marzo de 2019

Día de la Anunciación

s

LA AUTORA

Irma Nidia Rivera Nieves es licenciada en Filosofía por la Universidad de Valencia, doctora en filosofía por la Universidad de Valladolid, España. Obtuvo su grado doctoral con una investigación sobre los abusos de la razón ilustrada titulada *El sacrificio del sujeto de conocimiento en la obra de Michel Foucault*. Ha escrito libros y ensayos sobre ética y filosofía política practicando la duda en la moderna fe del devenir como *Progreso*.

Profesora jubilada de la Universidad de Puerto Rico. Catedrática de Honor Eugenio María de Hostos 1996–1997, reconocimiento otorgado por la Presidencia de la Universidad de Puerto Rico.

Esposa y madre de dos hijos. Ministro extraordinario de la comunión en la Parroquia La Merced de Hato Rey.

Reside en San Juan de Puerto Rico.

NOTAS

[i] Suelos: El Bosque de Toro Negro tiene suelos profundos y superficiales. Los suelos profundos son derivados de roca ignea volcánica de grano fino. Estas contienen altas cantidades de arcilla permeable, poca arena, limo y altas cantidades de hierro y aluminio, pero poco silice. Los suelos superficiales son ácidos y friables mientras que el subsuelo, es ácido, es pesado, pero permeable. Se encuentran mayormente en colinas escarpadas. Por lo general el suelo superficial se pierde por la erosión. Vwww.prfrogui.com/geocities/toronegro.htm

[ii] *El Bosque Estatal de Toro Negro es uno de los 16 bosques públicos del sistema de bosques de Puerto Rico. En 1934 la Adm, de Reconstrucción compró estos terrenos para crear el bosque. En 1942 se transfirieron los terrenos al Secretario de agricultura Federal. Desde 1961 ha sido administrado por el Servicio Forestal Federal En 1961 fue transferido al gobierno insular (ELA). El bosque de Toro Negro comprende 6,945 cuerdas Las elevaciones varían desde 440 M (Salto Lanabón) en el sur hasta 1338 en Cerro Punta el pico más alto de la Isla. está clasificado en dos zonas de vida: el bosque más húmedo subtropical (31.0%) y el bosque muy húmedo montaña abajo (69.0%). La topografía es accidentada con muchos farallones escarpados y cascadas altas. En el bosque se encuentran nueve 9 ríos: Río Indalecia, Río Guayo. Río Inabón, Río Blanco, Río Anón, y Río Prieto que discurren al sur. Río Saliente, Toro Negro y Río Matrullas que discurren hacia el Norte. Los embalses Matrullas y Guineos localizados en el bosque son los más altos en relación al nivel del mar. Está ubicado en la región central de Puerto Rico. Los terrenos están divididos en 7 segmentos localizados en los municipios de Orocovis, JuyuyaPonce, Juana Díaz y Ciales. Cf., www. prfrogui.com/geocities/toronegro.htm*

[iii] Flora: En el bosque se encuentran cuatro (4) asociaciones de vegetación en 2 zonas de Vida Zona húmeda subtropical (1) Bosque de Tabonuco y la zona muy húmeda montano bajo(23) Bosque Micropholis Buchenavia; Bosque de Palma de Sierra y Bosque Enano. Se reportaron 160 especies arbóreas en 53 familias. Las familias más grandes son las Melastomaceae (16 especies). Lauraceae (11 especies), Myrtaceae (10 especies). Los helechos y orquídeas son abundantes. Cuarenta (40) son endémicos de PR y 13 son introducidas. Algunos árboles más comunes en el Bosque son: Tabonuco, Ausubo, Jagüilla, Nuez Moscada, Granadillo, Maga, Higuerillo. Abundan además las Palmas de Sierra y los Helechos arbóreos. En el Bosque se sembraron plantaciones de especies introducidas como Mahoe, Caoba hondureña. Pino Hondureño. Eucalipto y Kadam. Mezclado en la vegetación nativa también se observan árboles tales como Fresno, Tulipán africano, Guamá venezolano y Casuarinas. Cf., www.prfrogui.com/geocities/toronegro.htm

[iv] El Bosque Toro Negro tiene un alto valor recreativo. Sistema de veredas y caminos, Torre de observación, área de acampar. Cf. www.prfrogui.com/geocities/toronegro.htm

[v] Clima: La precipitación anual de Toro Negro es de 110 pulg/lluvia. Los meses de septiembre y mayo son los de mayor precipitación. Existe un período seco de diciembre a marzo. Los meses de junio y julio también suelen ser secos. Los registros de temperatura promedio anual son de 18.4 grados centígrados, con un promedio máximo mensual 19.8C en julio y agosto y un mínimo de 16.7°C en enero. En la parte sur del bosque la temperatura promedio anual es de 23.2°C y 25°.C al norte. Cf., www.prfrogui.com/geocities/toronegro.htm

[vi] Fauna: Hay reportadas 30 especies de aves. Incluyen 6 especies endémicas y dos que están en peligro de extinción como lo son: Falcón de sierra (Accipiter atriatus) y Guara guao de bosque (Buteo platypterus) Existen 20 especies de reptiles y anfibios; con excepción de Bufo marinus todos son endémicos. Estudios recientes se identificaron ocho especies de murciélagos. En los ríos y lagos podemos encontrar varias especies de peces y crustáceos. Cf. www.prfrogui.com/geocities/toronegro.htm

Buy your books fast and straightforward online - at one of world's fastest growing online book stores! Environmentally sound due to Print-on-Demand technologies.

Buy your books online at
www.morebooks.shop

¡Compre sus libros rápido y directo en internet, en una de las librerías en línea con mayor crecimiento en el mundo! Producción que protege el medio ambiente a través de las tecnologías de impresión bajo demanda.

Compre sus libros online en
www.morebooks.shop

KS OmniScriptum Publishing
Brivibas gatve 197
LV-1039 Riga, Latvia
Telefax: +371 686 204 55

info@omniscriptum.com
www.omniscriptum.com

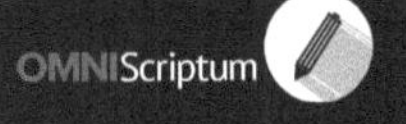

Printed by Books on Demand GmbH, Norderstedt / Germany